MUSÉE

DE

PRÉVENTION DES ACCIDENTS DU TRAVAIL

ET

D'HYGIÈNE INDUSTRIELLE

NOTICE

ET

RENSEIGNEMENTS DIVERS

PARIS

VUIBERT ET NONY, ÉDITEURS

63, Boulevard Saint-Germain, 63

—

1906

MUSÉE

DE

PRÉVENTION DES ACCIDENTS DU TRAVAIL

ET

D'HYGIÈNE INDUSTRIELLE

NOTICE

ET

RENSEIGNEMENTS DIVERS

PARIS

VUIBERT ET NONY, ÉDITEURS

63, BOULEVARD SAINT-GERMAIN, 63

1906

CONSERVATOIRE NATIONAL DES ARTS ET MÉTIERS

MUSÉE
DE PRÉVENTION DES ACCIDENTS DU TRAVAIL
ET
D'HYGIÈNE INDUSTRIELLE

NOTICE

La grande industrie a été justement comparée à un champ de bataille. Les forces qu'elle a domestiquées à son service prennent de temps en temps leur revanche de leur soumission ordinaire et se déchainent en explosions violentes, qui sèment la mort dans l'atelier. Ces formidables outils, qui obéissent docilement à la manœuvre d'un levier, d'une manivelle, à la simple pression d'un bouton, se réveillent parfois contre leur dompteur et le mutilent cruellement. En outre, tandis que l'accident de la petite industrie est en général clair, simple, individuel, celui de la grande industrie est souvent obscur, mystérieux et prend les proportions d'une hécatombe. La France et l'on peut dire le monde entier, sont encore sous la poignante impression de la catastrophe de Courrières, tandis que le même nombre de victimes isolées, — par exemple, de passants écrasés en détail dans les rues de Paris — serait loin de provoquer une aussi profonde émotion.

Les statistiques allemandes, tenues depuis 1896 avec le plus grand soin, nous renseignent exactement sur le nombre annuel des accidents du travail qui, par exemple, s'est élevé en 1899, pour les corporations industrielles à 298 918. Celles que publie le Ministère du Commerce, font ressortir, pour les professions assujetties à la loi du 9 avril 1898, un total de 212 753 accidents en 1903.

En réunissant les trois années 1901-1902-1903, le total atteint 505 775 accidents, qui se répartissent ainsi :

Morts....................................	2 494
Incapacité permanente...................	9 493
Incapacité temporaire de plus de 4 jours....	484 452
Suites inconnues	9 336
Total général........	505 775

On est à bon droit effrayé devant ces chiffres, dont chaque unité est grosse de souffrances et même de deuil. C'est l'honneur de notre siècle et de notre industrie de ne pas avoir voulu s'incliner devant ces risques, comme devant une fatalité inéluctable, mais d'avoir cherché à les conjurer par la prévoyance.

Non, le mal n'est pas fatal : nous ne sommes pas en face d'une de ces idoles d'airain, dont la cruauté exigeait jadis un tribut annuel de victimes humaines. Nous pouvons lutter contre l'accident — de même que contre la plupart des autres crises, — pour rétrécir de plus en plus son domaine.

Parmi les préoccupations ardentes dont l'ouvrier est aujourd'hui l'objet, celle de sa sécurité n'a pas tardé à prendre la première place. Lorsqu'on ne le considère pas comme un simple instrument de production, mais lorsqu'on voit en lui un collaborateur, un membre de la famille industrielle, auquel, d'après le mot d'Engel Dollfus, « on doit plus que le salaire », on ne peut pas prendre ses blessures d'un cœur léger. « Nous avons, a dit La Rochefoucauld, beaucoup de courage pour supporter les malheurs d'autrui ! » Mais, pour le patron moderne ayant pleine conscience de ses devoirs, l'ouvrier n'est pas « autrui » ; l'ouvrier est l'un des siens et ce patron ne peut pas rester indifférent devant les conséquences du travail qu'il lui a confié. A défaut du devoir social, son intérêt même et ses obligations légales ne lui permettraient pas cette attitude, puisqu'il est tenu par la loi d'assurer la sécurité de son personnel, et qu'en vertu du principe du « Risque professionnel » inscrit dans la loi du 9 avril 1898, il est responsable des accidents du travail.

L'humanité, l'intérêt et la loi s'accordent donc pour réclamer la protection des ouvriers. Mise ainsi en demeure, la mécanique a répondu à ce triple appel et elle a imaginé dans ce but les solutions les plus ingénieuses et les plus variées : couvertures d'engrenages, clôtures des parties dangereuses telles que trappes et puits, arrêts instantanés des transmissions et des moteurs, aspiration des fumées et des poussières malsaines, lunettes contre les projections, avertisseurs, sifflets enclanchements automatiques, pare-navettes, couvre-scie, enregistreurs, lampes de sûreté, masques respiratoires..., que sais-je encore ? un véritable arsenal, non de mort, mais de vie.

Avec une sollicitude qu'on pourrait presque appeler maternelle, le génie civil oppose un bouclier protecteur à chacune des menaces éventuelles de la machine. Sachant combien l'ouvrier se familiarise vite avec le danger et se dérobe volontiers, comme à une gêne, aux précautions dont on cherche à l'entourer, les inventeurs sont allés jusqu'à le prémunir contre lui-même et à l'empêcher, le voulût-il, de commettre des imprudences.

Ce n'est pas tout encore et, non content d'avoir ainsi pourvu au matériel de la *Prévention des accidents*, l'industrie s'est, par surcroît, attachée à un second problème, non moins essentiel que le premier, celui de l'*Atténuation des accidents*.

Lorsqu'un accident a déjoué la prudence humaine, il ne s'agit pas de se lamenter stérilement, de se voiler la face et de se croiser les bras, en laissant passivement faire le destin. C'est au contraire le moment de s'armer de toute son énergie, de tout son sang-froid, pour disputer la victime aux dangers de sa situation, pour la sauver, la guérir, ou du moins pour réduire au minimum sa déchéance définitive, la perte de sa capacité de travail. « Le sort de la blessure et celui du blessé, disent les chirurgiens allemands, dépendent du premier pansement. » Sur ce principe, élevé à la hauteur d'un axiome, se greffent toute une série de mesures, d'appareils et d'organisations, qui en réalisent la traduction pratique et salutaire.

C'est beaucoup que d'avoir imaginé ces méthodes de prévention et d'atténuation, qui sont, je le répète, comme les réponses de la science et de l'industrie aux sommations de l'humanité ; mais cela ne suffit pas : pour qu'elles produisent leurs bienfaits, il faut qu'elles soient vulgarisées et partout appliquées.

Ce but ne pourra être atteint qu'à certaines conditions, et d'abord, que si les industriels s'associent.

La nécessité de l'association s'explique sans peine, lorsque l'on songe : d'une part, à toutes les connaissances qu'exigent l'installation et le fonctionnement de ces appareils ; d'autre part, à toutes les préoccupations d'ordre technique, commercial, financier, social, qui assiègent aujourd'hui les patrons. Ils ont donc besoin de se décharger du souci de la prévention sur des spécialistes attitrés, qui, se consacrant exclusivement à cette branche de la mécanique, y acquièrent une véritable maîtrise.

C'est sous cette inspiration que le grand patron modèle, dont je citais tout à l'heure le nom, Engel Dollfus, de Mulhouse, a fondé en 1867 la première association de prévention. Cette fondation a servi de type à toutes celles qui se sont établies ensuite en France (¹) et à l'étranger.

Soumis à une réglementation légale qui resserre chaque jour les mailles de son réseau d'exigences pour l'hygiène et la sécurité des ateliers (²), avec des sanctions de plus en plus effectives, les patrons ont tout avantage à recourir à la compétence de ces associations et de leurs inspecteurs.

Beaucoup d'entre eux l'ont compris, puisqu'à l'heure actuelle, les trois associations existant en France comptent 4 000 adhérents et veillent sur la sécurité de 500 000 ouvriers, en leur épargnant la moitié environ des accidents, qui les auraient atteints sans ces mesures de protection.

On a le droit de s'applaudir de ce résultat; mais on ne saurait s'en contenter, si on les rapproche des trois millions d'ouvriers, qui forment la clientèle aujourd'hui assujettie à la loi de 1898, et si l'on songe aux 10 millions de têtes que cette loi ne tardera pas à protéger, quand elle aura reçu ses extensions successives au commerce, à l'agriculture,... Il reste donc pour ces associations et celles qui surgiront à leur côté de grands efforts à tenter et un vaste domaine à conquérir.

Ces associations jouent — on le voit — un rôle déjà important et sont appelées à jouer dans l'avenir un rôle plus considérable encore. Mais elles ne sauraient seules suffire à la vulgarisation des appareils protecteurs : parallèlement à leur action, il faut organiser l'enseignement par les yeux, en réunissant ces appareils dans un local approprié, pour les faire connaître aux ouvriers, contremaîtres, patrons, en un mot à tous les intéressés et au grand public lui-même, dont l'opinion finit toujours, dans un régime démocratique, par avoir le dernier mot.

Tel est précisément l'objet des Musées de prévention des accidents et d'hygiène industrielle.

Les pays étrangers nous offrent de très beaux établissements de ce genre. Nous nous bornerons à citer : celui de Vienne, fondé en 1890

---

(1) La plus ancienne de ces associations est celle de Rouen, créée en 1879 par la Société industrielle de cette ville.

L'Association des industriels de France remonte à 1882 et elle a été reconnue d'utilité publique en 1891.

Une association, filiale de la précédente, ayant son siège à Lille, s'est fondée en 1891 pour les départements du Nord et du Pas-de-Calais.

Il faut, en outre, citer avec éloge les 10 Associations de propriétaires d'appareils à vapeur, fondées de 1875 à 1883.

(2) Lois des 2 novembre 1892, 12 juin 1893, 11 juillet 1903 ; décrets des 10 mars 1894, 21 novembre 1902, 29 novembre 1904, 4 avril 1905...

par le Dr Migerka ; celui d'Amsterdam, ouvert en 1891 ; celui de Munich, « le *Musée du bien-être ouvrier* », inauguré en 1900 ; enfin, celui de Charlottenbourg, luxueusement installé dans un faubourg de Berlin.

Ce musée occupe un terrain de 7 000 mètres carrés, dont la valeur et celle des constructions qui le couvrent représentent la somme de 1 303 750 francs. Son budget annuel d'entretien s'élève à 50 000 francs. Il fonctionne depuis le 1er juin 1903, et réalise, comme ampleur d'installation, le type le plus important de tous les musées actuels.

Notre pays, qui s'est toujours honoré par ses initiatives humanitaires et notamment en matière de prévention des accidents, ne pouvait rester en arrière en ce qui concerne le musée, qui est le complément nécessaire de l'outillage préventif.

Dès 1893, l'Association des industriels de France avait réuni dans ses bureaux de la rue de Lutèce différents modèles d'appareils protecteurs qui, dans sa pensée, devaient servir de noyau à un musée futur ; mais elle avait bien compris que ce n'était là qu'une étape provisoire et que la place définitive de ce musée était le Conservatoire national des Arts et Métiers.

Nul établissement n'était, en effet, mieux désigné pour abriter cette collection et la mettre en valeur. Fréquenté par une clientèle intelligente, avide de s'instruire et qui aime cette Maison, parce qu'elle s'y sent chez elle, notre « Sorbonne populaire » devait faire bénéficier ce musée du crédit dont elle jouit et du voisinage de ses autres attractions, en même temps qu'elle en recevrait elle-même un surcroît de prestige par ce nouveau service rendu aux travailleurs.

Aussi l'Association des industriels fut-elle heureuse en 1894 de se dessaisir de ses modèles au profit du Conservatoire, qui les installa dans une de ses galeries.

C'était un acheminement vers la réalisation du projet plus vaste, qui devait aboutir à la création d'un musée complet et surtout d'un musée « vivant », où les appareils seraient adaptés à des machines en mouvement, au lieu d'être représentés par de petits modèles, ou même par des spécimens de grandeur naturelle, mais inertes. A ce prix seulement, l'enseignement peut être efficace et la leçon de choses faire une empreinte durable sur le visiteur.

Un projet avait été tracé en ce sens en 1898 ; mais il n'était pas encore au point. Repris en 1903 et, cette fois, dans des conditions meilleures de succès, il a été consacré par le Décret du 24 septembre 1904, qui a institué le Musée au Conservatoire des Arts et Métiers, et en a fait un service spécial, doté, comme l'Office national de la propriété industrielle et le Laboratoire d'essais, d'une certaine autonomie, sous l'unité de direction et d'administration de notre grand établissement national.

Cette organisation reflète ainsi les deux actions auxquelles sont dus la naissance et la vie même du musée : d'une part, l'initiative privée s ous la forme de l'Association des industriels de France, qui en a pris l'initiative et qui a recueilli auprès de généreux donateurs un ensemble de souscriptions s'élevant, en capital une fois donné, à 42 215 francs et en subventions annuelles, à 15 345 francs, d'autre part, le Conservatoire, établissement public, qui accorde au musée, avec son hospitalité, son puissant patronage et en assure la vitalité : heureux accord de ces deux forces, qui, loin de s'exclure, se combinent harmonieusement, s'entr'aident, se complètent et apportent chacune à l'œuvre commune ses qualités particulières et ses éléments de succès.

Comme l'a fait remarquer à la cérémonie d'inauguration M. Liébaut, Président de la Commission technique du Musée, c'est la personnalité civile accordée récemment au Conservatoire, qui, « en apportant ainsi plus de souplesse dans les rouages administratifs, a rendu plus facile l'accomplissement de sa noble mission. »

Non seulement les industriels, les grandes compagnies, les chambres syndicales, le Conseil municipal de Paris, le Conseil général de la Seine et un certain nombre d'autres associations ont constitué la dotation initiale du musée et assuré son entretien ; mais encore les inventeurs d'appareils préventifs et les industriels qui les emploient ont bien voulu les mettre à notre disposition, en échange de la gratuité de l'emplacement et de la force motrice.

La Commission s'est montrée sévère dans son choix, ne voulant accueillir que les appareils ayant fait leurs preuves. Rien de dangereux et de compromettant comme ces systèmes dont on s'engoue trop vite, après un temps insuffisant d'expérience, et qui ne donnent qu'une fausse sécurité.

D'autre part, pour maintenir au musée cette vie intense, qui doit être sa condition même et son originalité, on ne peut y laisser indéfiniment séjourner les mêmes objets ; mais on doit les remplacer par d'autres plus perfectionnés, ou plus actuels, ou appartenant à d'autres catégories. Il a donc été stipulé que ces objets seraient simplement prêtés et devraient être enlevés moyennant un préavis d'un mois.

Malgré ces restrictions nécessaires, les demandes ont afflué et la Commission a eu le regret de devoir, faute de place, en ajourner qu'elle aurait été heureuse d'accueillir.

En attendant son doublement nécessaire, le Musée ne dispose en effet que d'un emplacement restreint, eu égard à l'étendue de son programme. C'est donc par voie de roulement qu'il fera successivement apparaître les meilleurs dispositifs, correspondant aux diverses branches de l'industrie.

Ce musée a été inauguré le 9 décembre 1905 avec une grande solennité par M. Loubet, Président de la République, qui a proclamé, en termes très élevés, la beauté de l'institution et la grandeur des résultats qu'on est en droit d'en espérer.

Nous donnons plus loin en annexe la description du Musée ; mais, mieux encore qu'une description, la vue elle-même des appareils est suggestive et féconde : pour s'en faire une idée exacte, il faut aller les visiter et surtout les voir à l'état de mouvement.

Comme le disait le Président de l'Association des industriels, M. Dumont, à l'inauguration du Musée : « la pratique a démontré d'une façon indiscutable l'heureuse influence de ces expositions permanentes, visitées par de nombreux ouvriers, qui viennent, soit isolément, soit en groupes sous la conduite de contremaîtres ou de professeurs qui leur expliquent le mécanisme et le fonctionnement de tous les appareils. »

Il y a là des impressions qu'aucune description ne saurait remplacer. Le scepticisme se dissipe et les résistances s'évanouissent à la vue de ces mécanismes si ingénieux, si simples et si puissants, qui, sans compliquer la machine, la tiennent en laisse et l'empêchent de blesser son conducteur.

Par routine ou irréflexion, certains industriels gardent dans leurs ateliers des outils dangereux et sans protection, sauf à se désoler stérilement le jour où un accident se produit. En voyant comment ils auraient pu prévenir ce malheur, ils prendront le sentiment de leur responsabilité, qui a précisément pour mesure celle de leur pouvoir.

D'autres patrons — et ils sont en grande majorité — sincèrement attachés à leur personnel, ont jusqu'ici, faute d'informations suffisantes, considéré la sécurité de l'atelier plutôt comme un desideratum théorique que comme un devoir pratique. Ceux-là seront heureux de trouver dans le Musée la solution du problème qui les préoccupait et qu'à tort ils croyaient insoluble.

Du moment où il existe des moyens éprouvés de diminuer le nombre des accidents dans une énorme proportion, et d'arracher tous les ans — par exemple, dans un pays comme la France — un contingent d'environ 50 000 soldats de l'industrie à cette sanglante conscription des accidents, l'hésitation n'est plus permise. Il y a là une obligation impérieuse, que le patron est tenu de remplir, soit sous l'impulsion de sa conscience, soit, s'il reste inerte, sous la contrainte de la loi.

Pour répandre la connaissance de ces appareils et créer dans l'opinion des courants favorables à leur acclimatation rapide et générale, le Conservatoire se propose d'organiser sous la direction d'un « démonstrateur » compétent, des visites méthodiques pour les groupes d'ouvriers et pour les élèves de nos différentes écoles.

Les industriels, qui désireront faire participer à ces visites leur personnel, peuvent à cet effet se mettre en rapport avec le secrétariat du Conservatoire.

Jusqu'ici, faute de ressources suffisantes, on n'a réalisé que la première moitié du programme du Musée. Aux industriels et aux autres donateurs, qui ont si généreusement coopéré à son installation, de lui donner ses compléments nécessaires. Là où l'Allemagne a dépensé plus de 1 300 000 fr., est-ce trop que de demander encore 50 000 fr. qui, avec les sommes déjà versées en réponse au premier appel, formeront un total de 100 000 fr. ?

Déjà très intéressant et très utile dans sa consistance actuelle, le musée, une fois achevé grâce à ce capital supplémentaire, serait mis à la hauteur de son rôle et remplirait pleinement son bienfaisant office de propagateur des appareils préventifs.

Certes, il est excellent, quand un ouvrier a été victime d'un accident d'assurer à lui-même ou à ses ayants droit la réparation pécuniaire du dommage subi. Tel est l'objet de la loi de 1898 et elle a été accueillie par les ouvriers avec une juste reconnaissance. Mais, ce qui vaut mieux encore que de réparer les conséquences des accidents, c'est de les prévenir. L'exposé des motifs du projet de loi italien sur l'assurance contre les accidents, dû à M. le Ministre Chimirri, l'a dit excellemment : « Il est plus important de préserver la vie et la santé des travailleurs que d'indemniser les victimes une fois l'accident produit. » Qu'est-ce, en effet, qu'une somme d'argent en regard d'une mutilation, et quel magnifique placement pour un pays que celui qui permet de faire l'économie de la souffrance humaine et de conserver à un père de famille sa santé et sa capacité de travail !

Tel est précisément le résultat que doit produire le Musée de prévention, et c'est pourquoi, dans son discours inaugural du 9 décembre 1905, M. le Président de la République l'a si heureusement caractérisé en l'appelant : « une œuvre de science, de paix et d'amour. »

E. CHEYSSON,

de l'Institut,

membre de la Commission technique du Musée.

DISCOURS PRONONCÉS

A

L'INAUGURATION OFFICIELLE DU MUSÉE
LE 9 DÉCEMBRE 1905

Allocution de **M. A. Liébaut**. *Président de la Commission technique du Musée de Prévention des Accidents du travail et d'hygiène industrielle.*

MONSIEUR LE PRÉSIDENT DE LA RÉPUBLIQUE.

Si nous avions à rechercher la raison du grand honneur que vous voulez bien nous faire aujourd'hui, nous la trouverions sûrement dans ce vieux proverbe arabe :

« Le pied va où le cœur le pousse ! »

Vous avez toujours aimé ceux qui travaillent : vous avez toujours encouragé de tout votre pouvoir les généreux efforts de ceux qui recherchent l'amélioration de la vie laborieuse sous toutes les formes où cette amélioration peut être réalisée.

Notre œuvre est précisément la recherche et la mise au grand jour des appareils, des procédés et des dispositifs qui permettent de prévenir les accidents du travail et de rendre les installations industrielles aussi conformes que possible aux lois de l'hygiène.

Certes l'œuvre est difficile ; mais combien elle est intéressante et combien elle procure de joies pures et saines ! C'est au plus haut degré une œuvre de solidarité et de paix.

Ici aucune discussion, aucune division pénible.

Nous habitons les *templa serena* de la Science, de la Science qui éclaire d'une si vive lumière les difficiles problèmes de l'orga- nisation du travail.

Il n'est malheureusement pas au pouvoir de l'homme de rendre le travail industriel parfaitement hygiénique et salubre, ni d'écarter des sentiers ardus que doit suivre le travailleur tout accident et tout danger. Mais il est possible d'améliorer les conditions dans lesquelles s'accomplit ce rude labeur : et dès que ces améliorations sont possibles, leur réalisation s'impose comme un devoir sacré.

Ce sont ces réalisations que nous allons vous montrer ici, Monsieur le Président ; vous trouverez chez nous des faits et des actes : pas de vaines paroles : *Res non verba*.

Le Musée de Prévention des Accidents du travail et d'hygiène industrielle a été institué par le Décret que vous avez signé le 24 septembre 1904, et qui a fait de ce Musée un nouveau service du Conservatoire national des Arts et Métiers.

Sa création est due à l'initiative de l'Association des industriels de France contre les Accidents du travail. Le nom même de cette Association est son honneur.

Il est à peine utile de faire ressortir le dévouement et le courage qu'il a fallu pour entreprendre une si grande tâche avec les seules ressources de l'initiative privée. Pour réunir les sommes nécessaires au Musée nouveau, l'Association n'a rien demandé au budget de l'État.

Elle a provoqué et groupé des dons généreux qui ont constitué un capital de 42 000 francs jugé nécessaire et suffisant pour couvrir les frais de premier établissement, à la condition que le Musée pût s'installer dans un local déjà existant et convenablement disposé.

Le choix de ce local était loin d'être indifférent. L'Association désirait vivement juxtaposer son œuvre à celle que poursuit le Conservatoire national des Arts et Métiers depuis son institution par la Convention Nationale, il y a maintenant plus d'un siècle. De son côté, le Conservatoire, qui se considère, à si juste titre, comme le foyer familial des travailleurs français, était tout disposé à donner à la nouvelle institution la plus cordiale hospitalité.

N'était-il pas, en effet, absolument indiqué de grouper sous le même toit, à la fois les instruments qui ont servi aux merveilleuses découvertes des plus illustres savants : Lavoisier, Arago, Ampère, Chevreul, Pasteur, les mécanismes et les procédés des industries filles de ces découvertes, et les appareils d'Engel Dollfus et de ses continuateurs, qui permettent de rendre ces mécanismes moins dangereux et ces procédés plus salubres ?

M. le Ministre du Commerce et de l'Industrie, d'accord avec l'administration du Conservatoire en a jugé ainsi.

Peut-être nous sera-t-il permis de rendre un nouvel et reconnaissant hommage au Gouvernement de la République et au Parlement, qui, en accordant au Conservatoire la personnalité civile, et en apportant ainsi plus de souplesse dans les rouages administratifs, ont rendu plus facile l'accomplissement de sa noble mission.

Le Musée a donc été installé ici et constitue maintenant l'un des services du Conservatoire national des Arts et Métiers. A côté des Conseils d'administration et de perfectionnement de notre établissement, fonctionnaient déjà les commissions techniques de l'Office national de la Propriété industrielle et du Laboratoire d'essais.

Il a été formé une Commission analogue pour le Musée de Prévention des Accidents. Cette Commission, composée de seize membres, comprend les représentants du Conservatoire, deux délégués du Conseil Municipal de Paris, un membre de la Chambre de Commerce et les délégués des Associations qui ont subventionné le Musée. Elle a pour mission d'assurer le choix judicieux des meilleurs appareils et des procédés les plus efficaces ayant fait leurs preuves dans la pratique industrielle. Pour que les démonstrations soient plus probantes, les machines fonctionneront sous les yeux du public. La Commission aura soin de renouveler sans cesse les dispositifs et les expériences : elle fera de notre Musée un *Musée vivant*.

Les industriels et les inspecteurs du travail y trouveront les modèles les plus propres à assurer l'exécution des lois d'hygiène et de sécurité des ateliers.

A peine était-elle née que notre œuvre a trouvé partout de sympathiques et généreux bienfaiteurs, en tête desquels figurent le Conseil Municipal de Paris et le Conseil Général de la Seine.

L'ensemble des sommes dues à la munificence de ces deux assemblées ne s'élève pas à moins de quinze mille francs pour la première installation et de six mille francs pour l'entretien annuel.

A côté de ces deux Conseils, et parmi les principaux donateurs, nous signalerons à la reconnaissance des amis du travail, l'Association parisienne des propriétaires d'appareils à vapeur, les Compagnies de Chemins de fer, le Comité des houillères, la Société d'encouragement pour l'industrie nationale, etc.

L'ensemble de ces dons s'élève à 57 560 francs.

Les généreux donateurs nous ont laissé espérer la continuation de leur précieux concours, qui d'ailleurs est absolument indispensable pour l'entretien annuel.

Notre reconnaissance appellera leurs nouveaux bienfaits !

Il était important de stimuler le zèle des inventeurs qui appliquent leur ingéniosité, on peut même dire souvent leur génie, à la recherche des appareils de prévention des accidents et d'hygiène. C'est en vue de ce résultat que Madame Droux, née Puteaux, en souvenir de son mari, ingénieur très distingué, a fait donation au Conservatoire d'un titre de mille francs de rente française 3 0/0 et a réservé, sur les arrérages de cette fondation perpétuelle, une somme de cinq cents francs, qui servira à décerner, chaque année, un prix d'égale somme, à l'inventeur du meilleur système de protection, exposé durant l'année au Musée de Prévention des accidents et d'hygiène industrielle du Conservatoire.

Par l'ensemble de ces créations, se trouve réalisé, du moins au point de vue matériel, ce souhait formé par tous les bons esprits : Faire œuvre de prévoyance, de justice et d'humanité avant que les intéressés ne soient en droit de présenter à cet égard de légitimes revendications.

Tout le monde reconnait maintenant que les conditions hygiéniques dans lesquelles s'accomplit le travail, en ménageant les forces et la santé de l'Ouvrier, rendent la production plus active, plus féconde et plus rémunératrice.

Les industries qui ne peuvent se maintenir qu'au mépris des lois d'hygiène sont un véritable fléau pour un pays : elles ne l'enrichissent pas ; elles l'ébranlent.

Moralité, Indépendance, Esprit de famille, Patriotisme, tout cela est détruit dans l'âme du malheureux, attaché à un travail écrasant et malsain.

Grâce aux lois sur le travail, sur l'hygiène et la sécurité des ateliers, sur l'assistance et la prévoyance sociales, le Gouvernement de la République a banni de la France, à tout jamais, toutes ces cruelles misères.

Le Progrès sanitaire se confond avec le Progrès industriel et le fabricant retrouve, et au delà, les sacrifices qu'il a faits dans l'intérêt de ses ouvriers.

Nous espérons, Monsieur le Président de la République, que vous voudrez bien considérer notre œuvre avec bienveillance.

Votre haute approbation sera la plus précieuse des récompenses pour tous ceux qui, comprenant la noblesse du but à atteindre, ont uni leurs efforts dans un commun désir de contribuer à la prospérité et à la gloire de la France, et dans un ardent et sincère amour de l'humanité.

Allocution de **M. Dumont**, *Président de l'Association des Industriels de France contre les accidents du travail.*

MONSIEUR LE PRÉSIDENT,

En me confiant la mission de vous exposer, très succinctement, les origines de la création et le but du Musée que vous nous faites le grand honneur d'inaugurer, le Conseil d'Administration du Conservatoire national des Arts et Métiers a eu, sans doute, la délicate pensée de rendre hommage à la collaboration de la grande Association que je représente.

Je suis d'autant plus heureux, Monsieur le Président, d'avoir été appelé à vous présenter le compte rendu des travaux qui ont abouti à la réalisation de notre œuvre, que nul n'ignore votre sollicitude pour l'amélioration du sort des travailleurs et les précieux encouragements que vous n'avez cessé de donner à tous ceux dont les efforts concourent à ce but.

Vous savez, Monsieur le Président, que c'est un Français et un Alsacien, M. Engel Dollfus, de Mulhouse, qui, en 1867, eut l'idée généreuse de fonder une Association ayant pour objet de rechercher les moyens les plus efficaces d'éviter les accidents auxquels sont si malheureusement exposés les travailleurs manuels, et d'en vulgariser l'application.

C'est cet homme de bien, dont le buste occupe la place d'honneur dans ce Musée, qui jeta les bases de cette science nouvelle que l'on a appelée *la Prévention des Accidents* et qui, avec l'aide des principaux Chefs et Ingénieurs de l'industrie mulhousienne imagina les premiers organes protecteurs des machines.

Les modèles de ces appareils qui se font remarquer par leur ingéniosité, ont été groupés et disposés au seuil de notre Musée, où les visiteurs pourront les voir fonctionner et en admirer la simplicité.

L'exemple donné par Engel Dollfus porta ses fruits. Des Associations de prévention des accidents du travail furent créées dans tous les pays industriels et préparèrent par leurs utiles travaux, l'œuvre du législateur qui, après avoir établi l'obligation des mesures préventives que la pratique a indiquées comme les plus efficaces, a consacré ensuite le principe de la réparation des accidents.

L'Association des industriels de France qui s'est constituée à Paris, dès l'année 1882, sous les auspices de M. Emile Muller et de M. Chaix a poursuivi l'œuvre d'Engel Dollfus.

Par ses études spéciales, par ses publications, par les visites de son Directeur et de ses Inspecteurs dans les usines, par des affiches répandues dans les ateliers, par des conférences dans les écoles industrielles et professionnelles, par des concours internationaux, par des récompenses décernées à ceux qui la secondent et qui suivent ses prescriptions, cette Association, qui a été déclarée d'utilité publique en 1887, s'est efforcée de faire adopter dans les industries de toutes sortes les mesures de prévention qui lui paraissent les plus rationnelles et les plus utiles.

Son action s'étend dans 78 départements et s'exerce dans les établissements de ses 3 000 adhérents, ce qui lui permet de protéger ainsi les existences de plus de 300 000 ouvriers.

Pour apprécier à sa juste valeur les bienfaits de l'œuvre admirable des Associations de prévention, il suffit de consulter les statistiques des accidents du travail. Elles nous montrent que la moitié des accidents, qui sont souvent mortels, ont eu pour cause, soit des dispositions défectueuses d'atelier, soit un manque de protection des machines, c'est-à-dire l'un des défauts que les Associations de prévention ont pour mission de signaler aux industriels.

Mais ces Associations ont parfois grand'peine à accomplir leur œuvre humanitaire.

Leurs pires ennemis sont : l'insouciance, l'indifférence, parfois l'ignorance, quelquefois la crainte des frais qu'entraine toute amélioration.

L'ouvrier lui-même, pourtant si intéressé à sauvegarder sa santé et sa vie, est souvent le premier à refuser de se servir des engins protecteurs, prétextant la gène qu'ils apportent à son travail, mais parce qu'au fond il ne croit pas à leur efficacité et ne se rend pas compte de leur fonctionnement.

L'un des plus sûrs moyens de convaincre un incrédule c'est de lui montrer, de lui faire toucher et de faire fonctionner devant ses yeux l'objet dont il nie l'existence ou l'efficacité. De là l'idée de réunir dans un Musée les appareils protecteurs que la pratique a sanctionnés comme les meilleurs, les plus efficaces, de les offrir à la vue des patrons et des ouvriers, non pas seulement en modèles ou en dessins, mais tels qu'ils fonctionnent sur les machines en mouvement, afin qu'après les avoir examinés à loisir ils soient convaincus de leur utilité et de la possibilité de s'en servir.

De pareils Musées existent à Vienne, à Amsterdam, à Munich, à Charlottenbourg, pour ne citer que les plus importants.

Ils ont été créés par l'initiative privée, mais avec le concours des États et des municipalités.

Quelques-uns ont été richement dotés par de généreux donateurs ou de grands manufacturiers.

Des subventions annuelles, dont certaines très importantes, leur sont allouées par le gouvernement qui est convaincu de leur immense utilité.

Les industriels tiennent à honneur d'y montrer les machines et les appareils protecteurs du modèle le plus récent : ces machines, généralement en mouvement, sont remplacées dès qu'un perfectionnement nouveau a été apporté.

La pratique a montré d'une façon indiscutable la bienheureuse influence de ces sortes d'expositions permanentes ; elles sont visitées par de nombreux ouvriers qui viennent, soit isolément, le dimanche, soit en groupes sous la conduite de contremaîtres ou de professeurs qui leur expliquent la raison d'être et le fonctionnement de tous les appareils.

Enfin, ces expositions sont partout complétées par des salles consacrées à tout ce qui intéresse l'hygiène de l'atelier.

Depuis longtemps notre Association des Industriels de France rêvait d'installer, à Paris, un Musée de ce genre, mais la réalisation de ce projet nécessitait de nombreux concours : il fallait trouver un local approprié, réunir des fonds pour son installation et pour son entretien, obtenir des industriels le prêt des machines et de leurs organes protecteurs, grouper ces engins, les mettre en mouvement, etc.

Ce résultat a été obtenu grâce à l'initiative privée et au concours des pouvoirs publics.

C'est par l'union intime de ces deux puissants moyens d'action que nous pouvons vous présenter, Monsieur le Président, dans cette magnifique galerie Vaucanson, les machines les plus variées, munies des organes protecteurs les plus perfectionnés, groupés comme elles le sont dans les ateliers, et mises en mouvement, soit par des arbres de transmission, soit par des moteurs électriques.

Répondant à l'appel que leur a adressé notre Association, nos Membres adhérents, de généreux donateurs, le Conseil Municipal de Paris, le Conseil Général de la Seine ont bien voulu constituer, avec nous, le capital nécessaire à l'installation du Musée et assurer par des subventions annuelles son entretien : ce qui a permis à M. le Ministre du Commerce, de l'Industrie, des Postes et des Télégraphes de vous soumettre le décret que vous avez signé le 24 septembre 1904, par lequel le Musée de Prévention des Accidents du travail et d'hygiène industrielle devient un service du Conservatoire national des Arts et Métiers, administré par une Commission technique nommée par M. le Ministre du Commerce.

Grâce aux prêts consentis par les premières maisons de construction de machines et par les fabricants d'appareils protecteurs, grâce au précieux concours de Sociétés techniques et de syndicats professionnels, la Commission du Musée a pu réunir dans ce magnifique et spacieux local tout ce qui intéresse la sécurité du travailleur et l'hygiène de l'atelier. Car notre Musée remplit ces deux buts.

Nous avons pensé qu'à l'exemple de ce qui se pratique dans d'autres pays, il était indispensable d'indiquer aux patrons et aux ouvriers ce qu'il fallait faire pour résoudre ce double problème social :

Prévenir les accidents, rendre l'atelier sain et agréable.

Au nom de ceux qui se préoccupent d'améliorer les conditions du travail ;

Au nom de ceux qui bénéficieront de ces améliorations, je vous adresse, Monsieur le Président, le témoignage de notre reconnaissance la plus profonde pour la sanction que vous avez bien voulu donner à la création d'un Musée où patrons et ouvriers trouveront les moyens d'assurer la santé et le bien-être du travailleur et, par suite, sa puissance de travail.

Vous avez donné ainsi une nouvelle preuve de votre sollicitude pour toutes les œuvres qui s'adressent à l'amélioration morale et matérielle des travailleurs.

Ce Musée peut, dès son début, soutenir victorieusement la comparaison avec les créations similaires de l'étranger, et, grâce aux concours nombreux qui nous sont maintenant acquis, il pourra être complété chaque année et constamment maintenu au niveau des progrès incessants de la Science.

Au nom de tous ceux qui viendront y chercher un enseignement et d'utiles exemples, vous me permettrez, Monsieur le Président, d'adresser l'hommage de notre gratitude à Monsieur le Ministre du Commerce ;

à M. Millerand, Président du Conseil d'Administration ;

à M. Chandèze, Directeur du Conservatoire des Arts et Métiers ;

à M. Liébaut, Président de la Commission technique, sans le concours desquels nos efforts eussent été vains ;

à M. Léon Bourgeois, ancien Président du Conseil d'administration, sous les auspices duquel le Conservatoire a fait une place aux questions de sécurité du travail et d'hygiène industrielle ;

au Conseil Municipal de Paris et au Conseil Général de la Seine.

ainsi qu'aux généreux donateurs qui ont mis à la disposition de l'Association des Industriels de France les fonds nécessaires à l'installation et à l'entretien du Musée, aux Industriels qui ont prêté et installé leurs machines et leurs appareils ;

à MM. les Membres de la Commission technique, et en particulier à MM. Cheysson, Bussat, E. Sartiaux, Compère, Mamy, etc., qui n'ont épargné ni leur temps, ni leurs efforts pour procéder à l'installation définitive.

Tous ces dévoués Collaborateurs du Musée vous sont profondément reconnaissants, Monsieur le Président, de l'approbation que vous voulez bien donner à cette œuvre d'intérêt essentiellement social.

Discours de **M. Trouillot**, *Ministre du Commerce,
de l'Industrie, des Postes et des Télégraphes,*

Monsieur le Président,

Les hasards de la vie parlementaire font que le même ministre, qui a eu le plaisir de s'associer en 1903 à la préparation du Musée des accidents du travail par l'envoi aux musées de Charlottenbourg, près Berlin, et de Munich, de la mission d'études de Messieurs Dumont et Mamy ; qui a aussi, le 24 septembre 1904, pu présenter à votre signature le décret par lequel a été constitué ce Musée de Prévention des Accidents du Travail et d'Hygiène industrielle, a aujourd'hui la satisfaction de vous le présenter ouvert et organisé.

C'est en quelques mots que je veux m'associer aux remerciements qui déjà ont été adressés à tous ceux qui ont pris une si utile, une si généreuse initiative, aux associations privées, aux corps élus, aux sociétés particulières, qui, sans le secours des deniers publics, mais par des libéralités personnelles, ont assuré le fonctionnement de cette institution.

Son intérêt est tel, qu'il serait superflu d'y insister. En pareille matière, les progrès ne sont guère l'œuvre des lois. Ils sont réalisés par la science et par les mœurs, et rien ne contribue mieux à les former que de placer sous les yeux du patron les organismes ingénieux et délicats dont l'utilité pratique justifiera de sa part certains sacrifices, et également sous les yeux de l'ouvrier, les procédés d'hygiène et de préservation avec lesquels il ne peut que lentement se familiariser.

Les statistiques nous montrent que le développement du machinisme multiplie pour l'ouvrier les causes de souffrance, d'accident et de mort, et en dehors même de ces accidents spéciaux, il est des causes de dégénérescence de la race qu'un véritable devoir social nous impose de conjurer. A tous ces points de vue, le Musée de Prévention des Accidents du Travail et d'Hygiène industrielle donne des leçons précieuses. L'exposition de la vie ouvrière, que la Chambre a émis le vœu de voir s'ouvrir à Paris en 1909 ou 1911, ne manquera pas de fournir à ce Musée, avec les éléments de nouveaux progrès, des richesses nouvelles. Tous, nous suivrons ces efforts, ces recherches, avec l'intérêt le plus soutenu, et dès maintenant, Monsieur le Président, votre présence ici atteste, sur toutes ces questions, votre sollicitude personnelle, et celle du Gouvernement de la République.

Discours de **M. Émile Loubet**, *Président de la République.*

MESSIEURS,

Je suis très sensible aux paroles qui viennent d'être prononcées, et j'apprécie de plus en plus le proverbe arabe qu'on a rappelé tout à l'heure. En ce qui me concerne, il s'applique complètement. Oui, je vais très volontiers où le cœur m'appelle, et c'est de tout cœur que je me suis associé à la pensée fondamentale de cette institution lorsqu'elle m'a été expliquée, que j'ai suivi le dévelop-

pement d'une œuvre si utile, et c'est avec une très grande joie,
qu'avant la fin de mon mandat, je viens inaugurer ce Musée dû à
l'initiative privée et aux efforts de tant de cœurs généreux. Je m'y
associe avec d'autant plus de plaisir, que j'y vois une fois de plus
la puissance de l'initiative privée, aidée et encouragée par le concours des pouvoirs publics.

J'ai entendu avec intérêt tout à l'heure rappeler les bonnes
volontés qui se sont groupées pour constituer ce Musée : les pouvoirs
publics, les grandes associations industrielles, les Compagnies de
Chemins de fer, puis le Conseil Municipal de Paris et le Conseil
Général de la Seine. Jamais on ne fait en vain appel à leur bonne
volonté lorsqu'il s'agit d'une œuvre d'utilité sociale à accomplir.
Puis le Gouvernement de la République s'y est associé. Comment
en serait-il autrement ? Cette œuvre est une œuvre de science, de
paix et d'amour, une œuvre sociale. Pouvait-il s'en désintéresser ?
Ce serait renier son origine et sa destinée. Aussi, toutes les fois que
des œuvres de cette nature se présenteront, on est sûr que le Gouvernement les favorisera, non seulement de son aide pécuniaire,
mais aussi de cette action plus précieuse encore que les allocations
en argent, surtout lorsqu'on s'adresse à des industries qui peuvent
faire de grands sacrifices, par cet appui moral, par cette attes-
tation que ceux qui travaillent ainsi servent les intérêts généraux
du pays.

J'éprouve donc une joie sans mélange en me trouvant au milieu
de vous, et c'est en toute justice que je rends hommage aux
hommes qui se sont entièrement dévoués à l'exécution de cette
œuvre, que je fais des vœux pour qu'elle produise bientôt les
excellents résultats qu'on a rappelés tout à l'heure.

Je n'ignore pas combien il est difficile de tirer d'une œuvre tout
le profit qu'elle est susceptible de procurer au pays et à l'humanité. Je n'ignore pas combien il est difficile de convertir l'ouvrier,
qui doit en bénéficier, à l'idée de se servir des procédés de préservation et d'hygiène. Et combien est fréquente, selon l'observation
de M. Dumont, cette insouciance qui fait que la moitié du temps
les accidents sont dûs à cette négligence de l'ouvrier jouant avec le
danger à mesure que les années s'écoulent, comme, par exemple,
ce fabricant de poudre qui fume sa cigarette tout en manœuvrant

son pilon. Mais avec de la patience, de la ténacité, on arrivera à vaincre cette insouciance, cette inertie et cette détestable habitude de jouer avec le péril et avec le danger.

L'enseignement des principes de l'hygiène de l'atelier et de l'hygiène de l'usine apportera au patron la tranquillité d'esprit nécessaire à la bonne conduite de toute entreprise industrielle. On arrivera bien, malgré tous les écueils et toutes les difficultés à réaliser une somme de bien-être dont profiteront les patrons et les ouvriers, c'est-à-dire le peuple français tout entier.

Encore une fois, merci de tout ce que vous avez fait, et pour mieux attester la satisfaction avec laquelle le Gouvernement de la République a aidé vos efforts et veut les consacrer, je suis heureux de profiter de cette occasion pour donner à M. Dumont un témoignage et une récompense bien méritée : je lui apporte la rosette d'officier de la Légion d'Honneur. (*Applaudissements.*)

Il y a treize ans, je n'étais pas encore ministre, vous avez été fait chevalier de la Légion d'Honneur...

(M. Dumont) Grâce à vous, Monsieur le Président.

(M. Loubet) Si j'y ai contribué, je ne le regrette pas et ce n'est pas parce que vous êtes mon compatriote et mon ami qu'il serait juste de vous faire attendre indéfiniment une récompense que vous avez dix fois méritée. (*Vifs applaudissements.*)

ANNEXES

Description sommaire du Musée.

Le Musée est installé dans la Galerie Vaucanson, qui mesure 80 mètres de long sur 9 mètres de large. Elle se compose d'un Salon central et de deux ailes latérales.

On a réuni dans le Salon central tout ce qui est relatif à la protection des Générateurs à vapeur. Une collection très intéressante des défauts des tôles de chaudières, des rivures d'assemblage, ainsi que des effets curieux des explosions, y est présentée par les soins de l'Association Parisienne des Propriétaires d'appareils à vapeur.

On y voit également des protecteurs pour tubes de niveau d'eau. De grands tableaux schématiques représentent l'œuvre des Associations contre les accidents de fabriques et notamment de l'Association des Industriels de France, qui expose également les résultats des concours internationaux qu'elle ouvre chaque année.

Le célèbre « Bâti de Mulhouse » y figure aussi.

Deux petits salons particuliers sont aménagés dans le Salon central.

L'un deux a été réservé à l'*Atténuation* des conséquences des accidents du travail. On y voit figurer plusieurs exemplaires très intéressants des appareils employés dans la Mécanothérapie et qui ont pour but de rendre aux blessés, dans toute la mesure possible, la capacité professionnelle, lorsque la guérison chirurgicale est obtenue.

Dans l'autre petit Salon, on a disposé les brancards, civières, fauteuils, voiturettes, destinés au transport des blessés.

C'est dans l'aile droite du Musée que sont réunies presque entièrement les machines-outils qui doivent fonctionner. Au seuil de cette salle s'élève, sur un piédestal, le buste en marbre d'Engel Dollfus, le fondateur de l'Association de Mulhouse. Au pied du buste est gravée en rouge la phrase célèbre du grand manufacturier alsacien : « *Le fabricant doit à ses ouvriers autre chose que le salaire.* »

Les machines en mouvement sont disposées sur une double rangée à droite et à gauche de l'axe de la salle. Elles reposent sur un plancher un peu surélevé et sont actionnées par un arbre horizontal supérieur établi dans l'axe même de la salle et supporté par des charpentes en fer.

Cet arbre est divisé en deux moitiés, réunies par un embrayage à friction et actionnées par deux dynamos de 15 chevaux. La transmission de force et de mouvement de l'arbre aux machines se fait par courroies.

Des perches à crochet, rigides et pliantes, des monte-courroies fixes de divers systèmes sont installés pour le montage des courroies sur leurs poulies.

L'espace limité dont on disposait n'a pas permis de réunir dans cette aile plus de 24 à 25 machines en marche. On a donc été forcé de se borner à un choix très limité et l'on s'est attaché principalement aux machines de l'industrie textile, et à celles qui sont employées dans le travail du bois et dans le travail des métaux.

Il va de soi que ces machines sont munies des appareils protecteurs les plus efficaces et les plus parfaits à ce jour. L'industrie textile est représentée par une carde à chapelets, un banc à broches, un métier à filer à anneaux et un métier à tisser. On sait que les machines à travailler le bois comptent au nombre des plus dangereuses de l'industrie. Aussi a-t-on accumulé sur elles les dispositifs protecteurs. Plusieurs scies circulaires, des toupies, une scie à ruban, une raboteuse, une dégauchisseuse, sont présentées dans les meilleures conditions de sécurité. Des meules artificielles avec leurs enveloppes protectrices, une machine à percer, un tour, une estampeuse, représentent l'industrie du travail des métaux.

Il faut citer aussi une machine plate d'imprimerie, une petite presse dite « minerve », une machine à éjarrer les poils de lapin, une écrémeuse centrifuge.

Indépendamment des machines en marche, l'aile droite du Musée contient aussi des modèles réduits de divers dispositifs protecteurs : arrêt rapide des machines à vapeur, soit à distance, soit en cas de non fonctionnement du régulateur ; divers systèmes de garde-navettes, pour métiers à tisser ; un métier à gazer les fils de coton avec aspiration des produits de la combustion ; enfin de nombreux dessins et photographies.

Dans l'aile gauche du Musée, on remarque de belles installations d'ascenseurs et monte-charges munis des dispositifs de sécurité nécessaires ; plusieurs modèles d'échafaudages, ainsi qu'une intéressante construction montrant les mesures qu'il convient de prendre sur les toits pour assurer la sécurité des ouvriers qui y travaillent ; une belle installation de meules d'émeri avec protecteurs contre les éclats, aspirateur et collecteur de poussières ; un dispositif pour le soufflage du verre par l'air comprimé ; un cubilot-creuset pour travaux de fonderie ; une brouette vide-touries pour le transport et la vidange des liquides dangereux.

Dans cette aile du Musée, on a donné une place prépondérante aux questions d'hygiène industrielle, de bien-être et de confort des ouvriers.

Les moyens individuels et les moyens collectifs de défense contre les poussières, les fumées, les vapeurs et gaz délétères, les buées, s'y rencontrent à côté des installations de lavabos, bains-douches, vestiaires, urinoirs, désinfection. La lutte contre l'incendie n'a pas été oubliée, non plus que celle contre la tuberculose et l'alcoolisme. D'ingénieux appareils pour l'analyse de l'air des ateliers et magasins permettent de se rendre compte du degré de viciation de l'atmosphère d'une salle.

Avis.

Le Musée de Prévention des Accidents du Travail et d'Hygiène Industrielle est installé, au Conservatoire National des Arts et Métiers, dans le rez-de-chaussée du bâtiment Vaucanson.

Le public y a accès par la grande porte du Conservatoire, 292, rue Saint-Martin.

Le Musée est ouvert :

Du 15 Octobre au 15 Avril :

Le Dimanche, de 10 h. du matin à 4 h. du soir ;
Les Mardi, Mercredi, Jeudi et Samedi, de midi à 3 h.

Du 16 Avril au 14 Octobre :

Les Dimanche et Jeudi, de 10 h. du matin à 4 h. du soir ;
Les Mardi, Mercredi et Samedi, de midi à 4 h.

Bar-le-Duc. — Imprimerie Comte-Jacquet, FACHOUEL, dir.